中华人民共和国建设部

市政工程投资估算指标

第五册　防洪堤防工程

HGZ 47-105-2007

中 国 计 划 出 版 社

北　京

图书在版编目（CIP）数据

市政工程投资估算指标．第5册，防洪堤防工程．HGZ 47-105-2007／建设部标准定额研究所主编．—北京：中国计划出版社，2008.3

ISBN 978-7-80242-077-9

Ⅰ．市…　Ⅱ．建…　Ⅲ．①市政工程—工程造价—估算—中国②城市—防洪工程—工程造价—估算—中国　Ⅳ．TU723.3　TU998.4

中国版本图书馆CIP数据核字（2008）第031453号

市政工程投资估算指标

第五册　防洪堤防工程

HGZ 47-105-2007

建设部标准定额研究所　主编

☆

中国计划出版社出版

（地址：北京市西城区木樨地北里甲11号国宏大厦C座4层）

（邮政编码：100038　电话：63906433　63906381）

新华书店北京发行所发行

三河富华印刷包装有限公司印刷

880×1230毫米　1/16　5.25印张　139千字

2008年3月第一版　2008年3月第一次印刷

印数1—6000册

☆

ISBN 978-7-80242-077-9

定价：12.00元

主编部门：中华人民共和国建设部

批准部门：中华人民共和国建设部

执行日期：2008 年 4 月 1 日

建　设　部
关于印发《市政工程投资估算指标》（桥梁等5册）的通知

建标［2007］240号

为合理确定和控制市政工程投资，满足市政建设项目编制项目建议书和可行性研究报告投资估算的需要，我部制定了《市政工程投资估算指标》（《第二册　桥梁工程》、《第四册　排水工程》、《第五册　防洪堤防工程》、《第六册　隧道工程》、《第九册　路灯工程》），编号为HGZ 47-102-2007、HGZ 47-104-2007、HGZ 47-105-2007、HGZ 47-106-2007、HGZ 47-109-2007，现印发给你们。自2008年4月1日起施行。我部1996年发布的《全国市政工程投资估算指标》中的相应内容同时废止。

《市政工程投资估算指标》由建设部标准定额研究所组织中国计划出版社出版发行。

请你们认真贯彻执行，并将工作中的问题和建议反馈建设部标准定额司。

中华人民共和国建设部

二〇〇七年十月十八日

前　　言

根据建设部“关于印发《二〇〇三年工程项目建设标准、投资估算指标、建设项目评价方法与参数编制项目计划》的通知要求”，我部制定了《市政工程投资估算指标》(以下简称《指标》)，并于2007年10月18日批准其中桥梁等五册(第一、三、七、八册已于2007年6月批准)。《指标》的制定发布将对合理确定和控制市政工程投资，满足市政建设项目编制项目建议书和可行性研究报告投资估算的需要起到积极的作用。

本《指标》由建设部标准定额研究所负责管理和解释，请各单位在执行过程中，注意积累资料，认真总结经验，将有关意见及时反馈标准定额研究所。

本《指标》的主编单位、参编单位：

主编单位： 建设部标准定额研究所

参编单位： 北京市建设工程造价管理处
北京城建设计研究总院有限责任公司
天津市建设工程定额管理研究站
天津市市政工程经济技术定额研究站
上海市建设工程标准定额管理总站
上海市市政工程定额管理站
上海市政工程设计研究总院
上海市隧道工程轨道交通设计研究院
重庆市建设工程造价管理总站
河北省工程建设造价管理总站
辽宁省建设工程造价管理总站
安徽省建设工程造价管理总站

总 说 明

为了合理确定和控制市政工程投资，满足建设项目编制项目建议书和投资估算的需要，提高建设工程投资效果，制定《市政工程投资估算指标》(以下简称本指标)。

一、本指标依据建设部“关于印发《二〇〇三年工程项目建设标准、投资估算指标、建设项目评价方法与参数编制项目计划》的通知”下达的编制计划，以现行全国市政工程设计标准、质量验收规范和建设部、财政部“关于印发《建筑安装工程费用项目组成》的通知”(建标〔2003〕206 号)、《建设项目总投资及其他费用项目组成规定》(送审稿)，以及预算定额、工期定额为依据，在《全国市政工程投资估算指标》(1996 年)的基础上，结合近年有代表性的已竣工典型工程项目的相关资料进行编制。

二、本指标适用于新建、改建、扩建的市政工程项目。

三、本指标是建设项目建议书、可行性研究报告阶段编制投资估算的依据；是多方案比选、优化设计、合理确定投资的基础；是开展项目评价、控制初步设计概算、推行限额设计的参考。

四、本指标共十册。包括《第一册　道路工程》、《第二册　桥梁工程》、《第三册　给水工程》、《第四册　排水工程》、《第五册　防洪堤防工程》、《第六册　隧道工程》、《第七册　燃气工程》、《第八册　集中供热热力网工程》、《第九册　路灯工程》、《第十册　垃圾处理工程》。

五、本指标分综合指标和分项指标。综合指标包括建筑安装工程费、设备购置费、工程建设其他费用、基本预备费；分项指标包括建筑安装工程费、设备购置费。

(一)建筑安装工程费由直接费和综合费用组成。直接费由人工费、材料费、机械费组成。将《建筑安装工程费用项目组成》中的措施费(环境保护、文明施工、安全施工、临时设施、夜间施工的内容)按比例(见费率取定表)分别摊入人工费、材料费和机械费。二次搬运、大型机械设备进出场及安装拆除、混凝土和钢筋混凝土模板及支架、脚手架编入直接工程费。综合费用由间接费、利润和税金组成。

(二)设备购置费依据设计文件规定，其价格由设备原价+设备运杂费组成，设备运杂费指除设备原价之外的设备采购、运输、包装及仓库保管等方面支出费用的总和。

(三)工程建设其他费用包括：建设管理费、可行性研究费、研究试验费、勘察设计费、环境影响评价费、场地准备及临时设施费、工程保险费、联合试运转费、生产准备及开办费。按国家现行有关统一规定程序计算。

(四)预备费包括基本预备费和价差预备费。基本预备费系指在投资估算阶段不可预见的工程费用。

六、本指标的编制期价格、费率取定：

(一)价格取定。人工工资综合单价按北京地区 2004 年 31.03 元/工日；材料价格、机械台班单价按北京地区 2004 年价格。

(二)费率取定。

1. 将措施费分别摊入人工费、材料费和机械费。措施费费率见下表。

项目	道路	桥梁	给水	排水	防洪堤防	隧道		燃气	热力	路灯
						岩石	软土			
费率(%)	4.10	4.40	6.00	6.00	4.00	5.08	5.08	6.00	4.00	4.00

计费基数：人工费+材料费+机械费。

分摊比例：其中人工费 8%，材料费 87%，机械费 5%，分别按比例计算。

2. 综合费用费率见下表。

项目	道路	桥梁	给水	排水	防洪堤防	隧道		燃气	热力	路灯
						岩石	软土			
费率（%）	22.78	22.90	21.30	21.30	21.00	27.68	27.68	21.30	21.30	21.00

计费基数：估算指标直接费。

3. 工程建设其他费用费率。工程建设其他费用费率按 10%～15%确定。具体数值由各册根据专业以及国家规定的收费标准测算确定，并在册说明中说明。

计费基数：建筑安装工程费+设备购置费。

4. 基本预备费费率按 8%确定。

计费基数：建筑安装工程费+设备购置费+工程建设其他费用。

5.《第十册 垃圾处理工程》的费率见分册说明。

七、本指标计算程序见下表。

综合指标计算程序

序号	项目	取费基数及计算式
	指标基价	一+二+三+四
一	建筑安装工程费	4+5
1	人工费小计	—
2	材料费小计	—
3	机械费小计	—
4	直接费小计	1+2+3
5	综合费用	4×综合费用费率
二	设备购置费	原价+设备运杂费
三	工程建设其他费用	（一+二）×工程建设其他费用费率
四	基本预备费	（一+二+三）×8%

分项指标计算程序

序号	项目	取费基数及计算式
	指标基价	一+二
一	建筑安装工程费	（四）+（五）
1	人工费	—
2	措施费分摊	（1+3+5）×措施费费率×8%
（一）	人工费小计	1+2
3	材料费	—
4	措施费分摊	（1+3+5）×措施费费率×87%
（二）	材料费小计	3+4
5	机械费	—
6	措施费分摊	（1+3+5）×措施费费率×5%
（三）	机械费小计	5+6
（四）	直接费小计	（一）+（二）+（三）
（五）	综合费用	（四）×综合费用费率
二	设备购置费	原价+设备运杂费

八、本指标的使用。本指标中的人工、材料、机械费的消耗量原则上不作调整。使用本指标时可按指标消耗量及工程所在地当时当地市场价格并按照规定的计算程序和方法调整指标，费率可参照指标确定，也可按各级建设行政主管部门发布的费率调整。

具体调整办法如下：

（一）建筑安装工程费的调整。

1. 人工费：以指标人工工日数乘以当时当地造价管理部门发布的人工单价确定。

2. 材料费：以指标主要材料消耗量乘以当时当地造价管理部门发布的相应材料价格确定。

$$\text{其他材料费}=\text{指标其他材料费}\times\frac{\text{调整后的主要材料费}}{\text{指标（材料费小计}-\text{其他材料费}-\text{材料费中措施费分摊）}}$$

3. 机械费：列出主要机械台班消耗量的调整方式：以指标主要机械台班消耗量乘以当时当地造价管理部门发布的相应机械台班价格确定。

$$\text{其他机械费}=\text{指标其他机械费}\times\frac{\text{调整后的主要机械费}}{\text{指标（机械费小计}-\text{其他机械费}-\text{机械费中措施费分摊）}}$$

未列出主要机械台班消耗量的调整方式：

$$\text{机械费}=\text{指标机械费}\times\frac{\text{调整后的（人工费}+\text{材料费）}}{\text{指标（人工费}+\text{材料费）}}$$

4. 直接费：调整后的直接费为调整后的人工费、材料费、机械费之和。

5. 综合费用：综合费用的调整应按当时当地不同工程类别的综合费率计算。计算公式如下：

综合费用=调整后的直接费×当时当地的综合费率

6. 建筑安装工程费：

建筑安装工程费=调整后的（直接费+综合费用）

（二）设备购置费的调整。指标中列有设备购置费的，按主要设备清单，采用当时当地的设备价格或上涨幅度进行调整。

（三）工程建设其他费用的调整。工程建设其他费用的调整，按国家规定的不同工程类别的工程建设其他费用费率计算。计算公式如下：

工程建设其他费用=调整后的（建筑安装工程费+设备购置费）

× 国家规定的工程建设其他费用费率

（四）基本预备费的调整。

基本预备费=调整后的（建筑安装工程费+设备购置费+工程建设其他费用）

×基本预备费费率

（五）指标基价的调整。

指标基价=调整后的（建筑安装工程费+设备购置费+工程建设其他费用

+基本预备费）

九、建设项目投资估算编制。编制建设项目投资估算，应按上述办法调整。指标中未列费用可根据有关规定调整。

十、本指标中指标编号为“×Z-×××”或“×F-×××”，除注明用英文字母表示外，均用阿拉伯数字表示。

其中：“-”线前部分×表示分册，Z表示综合指标，F表示分项指标；

“-”线后部分×××表示划分序号，同一部分顺序编号。

十一、本指标中注明“××以内”或“××以下”者，均包括××本身；而注明“××以外”或“××以上”者，均不包括××本身。

册 说 明

一、《市政工程投资估算指标》第五册“防洪堤防工程”(以下简称本册估算指标),是依据国家现行的《城市防洪工程设计规范》、《全国统一市政工程预算定额》、标准图集、城市防洪设计标准,已完工程的设计概算、施工图预算、工程决算,交通部、水利部相关定额中有关数据编制而成的。

二、本册估算指标适用于城镇管辖范围内的江、湖、河边的土堤、护坡及防洪墙工程的新建、扩建工程,不适用于维修、加固和养护工程,大中型水利工程项目以及海边、高寒地区有特殊要求的工程。

三、编制依据:

1.《城市防洪工程设计规范》(CJJ 50—92)。

2.《全国市政工程投资估算指标》(1996)。

3.《建设工程工程量清单计价规范》(GB 50500—2003)。

4.《全国统一市政工程预算定额》(1999)。

5.《防洪标准》(GB 50201—94)。

6.《堤防工程设计规范》(GB 50286—98)。

7.《防洪、防汛工程设计施工系列图集》。

四、编制原则:

1. 遵循国家现行的有关法律法规和投资体制改革的要求。

2.《市政工程投资估算指标》的内容与深度,坚持以适应市政工程建设项目前期工作的要求,满足项目建议书和可行性研究报告编制投资估算的目的。

3.《市政工程投资估算指标》突出简洁、准确、便于使用,尽可能在使用中适应价格、费用、工艺、地区等的变化,便于调整换算、调整发布的需要。

五、本册估算指标分为三个部分:

1. 综合指标:包括土堤工程、护坡工程、防洪墙工程等。

2. 分项指标:包括基础、土堤、护坡、滤层、护脚、防洪墙、压顶等。

3. 附录:包括主要材料、机械台班、设备单价取定表;编制防洪堤防工程投资估算应用案例。

目　录

1　防洪堤防工程综合指标

说　　明

综合指标的内容包括土堤工程、护坡工程、防洪墙工程。

一、土堤综合指标中，断面采用常用的 65m^2 和 245m^2。

二、防洪墙工程中，取定统一高度 4m，并列有高度的调整项目。

三、指标中已经综合考虑场外运输。

四、土堤综合指标不包括土源的费用。

五、工程量计算规则：

1. 土堤断面按基础以上面积计算。

2. 护坡面积以基础以上的宽度乘自然延长米计算。

3. 土堤、护坡和防洪墙工程的综合指标，均不包括围堰、桩基及地基处理。

4. 指标中土堤、护坡和防洪墙工程，断面、厚度和设置高度与实际不同时，可按指标相应项目或按比例进行调整。

1.1 土　堤

工程内容：人、机配合修筑土堤。

单位：100m

指标编号			单位	5Z-001	
项目				土堤	
				断面 65m²	占指标基价（%）
指标基价			元	125242	100.00
一、建筑安装工程费			元	100839	80.52
二、设备购置费			元	—	—
三、工程建设其他费用			元	15126	12.08
四、基本预备费			元	9277	7.41
建筑安装工程费					
直接费	人工费	人工	工日	477	—
		措施费分摊	元	256	—
		人工费小计	元	15051	12.02
	材料费	水	m^3	98.20	—
		措施费分摊	元	2789	—
		材料费小计	元	3338	2.67
	机械费	光轮压路机 15t	台班	42.50	—
		履带式单斗挖掘机 $1m^3$	台班	12.60	—
		履带式推土机 75kW	台班	17.80	—
		洒水汽车 4000L	台班	3.90	—
		自卸汽车 4t	台班	92.90	—
		措施费分摊	元	160	—
		机械费小计	元	64949	51.86
	直接费小计		元	83338	—
综合费用			元	17501	13.97
合计			元	100839	—

工程内容：人、机配合修筑土堤。

单位：100m

指标编号				5Z-002	
项目			单位	土堤	
				断面 $245m^2$	占指标基价（%）
指标基价			元	472069	100.00
一、建筑安装工程费			元	380088	80.52
二、设备购置费			元	—	—
三、工程建设其他费用			元	57013	12.08
四、基本预备费			元	34968	7.41
建筑安装工程费					
直接费	人工费	人工	工日	1797	—
		措施费分摊	元	967	—
		人工费小计	元	56731	12.02
	材料费	水	m^3	370.00	—
		措施费分摊	元	10511	—
		材料费小计	元	12582	2.67
	机械费	光轮压路机 15t	台班	160.20	—
		履带式单斗挖掘机 $1m^3$	台班	47.50	—
		履带式推土机 75kW	台班	67.10	—
		洒水汽车 4000L	台班	14.70	—
		自卸汽车 4t	台班	350.10	—
		措施费分摊	元	604	—
		机械费小计	元	244809	51.86
	直接费小计		元	314122	—
综合费用			元	65966	13.97
合计			元	380088	—

1.2 护　　坡

工程内容：10cm 碎石 + 5cm 砂滤层，修筑护坡、护肩、护脚。

单位：1000m²

指标编号				5Z-003	
项　目			单位	干砌块石护坡（10cm 碎石+5cm 砂滤层）	
				30cm 厚	占指标基价（%）
指标基价			元	69483	100.00
一、建筑安装工程费			元	55944	80.52
二、设备购置费			元	—	—
三、工程建设其他费用			元	8392	12.08
四、基本预备费			元	5147	7.41
建筑安装工程费					
直接费	人工费	人工	工日	502	—
		措施费分摊	元	142	—
		人工费小计	元	15732	22.64
	材料费	块石	m^3	350.10	—
		水泥砂浆 M10	m^3	1.70	—
		碎石 40mm	m^3	102.00	—
		中砂	m^3	67.60	—
		其他材料费	元	385	—
		措施费分摊	元	1547	—
		材料费小计	元	30399	43.75
	机械费	灰浆搅拌机 200L	台班	0.30	—
		措施费分摊	元	89	—
		机械费小计	元	104	0.15
	直接费小计		元	46235	—
综合费用			元	9709	13.97
合　计			元	55944	—

工程内容：5cm 砂 + 无纺布隔渗层，修筑护坡、护肩、护脚。

单位：1000m²

指标编号			单位	5Z-004	
项目				干砌块石护坡（5cm 砂+无纺布隔渗层）	
				30cm 厚	占指标基价（%）
指标基价			元	61481	100.00
一、建筑安装工程费			元	49502	80.52
二、设备购置费			元	—	—
三、工程建设其他费用			元	7425	12.08
四、基本预备费			元	4554	7.41
建筑安装工程费					
直接费	人工费	人工	工日	441	—
		措施费分摊	元	126	—
		人工费小计	元	13816	22.47
	材料费	块石	m^3	350.10	—
		水泥砂浆 M10	m^3	1.70	—
		无纺布	m^2	1070.00	—
		中砂	m^3	67.60	—
		其他材料费	元	385	—
		措施费分摊	元	1369	—
		材料费小计	元	27001	43.92
	机械费	灰浆搅拌机 200L	台班	0.30	—
		措施费分摊	元	79	—
		机械费小计	元	94	0.15
	直接费小计		元	40911	—
综合费用			元	8591	13.97
合计			元	49502	—

工程内容：10cm 碎石＋5cm 砂滤层，修筑护坡、护肩、护脚。

单位：1000m²

指标编号				5Z-005	
项目			单位	干砌块石护坡灌浆（10cm 碎石＋5cm 砂滤层）	
				30cm 厚	占指标基价（%）
指标基价			元	71490	100.00
一、建筑安装工程费			元	57560	80.52
二、设备购置费			元	—	—
三、工程建设其他费用			元	8634	12.08
四、基本预备费			元	5296	7.41
建筑安装工程费					
直接费	人工费	人工	工日	509	—
		措施费分摊	元	146	—
		人工费小计	元	15937	22.29
	材料费	块石	m^3	350.10	—
		碎石 40mm	m^3	102.00	—
		中砂	m^3	67.60	—
		水泥砂浆 M10	m^3	7.20	—
		其他材料费	元	383	—
		措施费分摊	元	1592	—
		材料费小计	元	31481	44.04
	机械费	灰浆搅拌机 200L	台班	1.20	—
		措施费分摊	元	91	—
		机械费小计	元	152	0.21
	直接费小计		元	47570	—
综合费用			元	9990	13.97
合 计			元	57560	—

工程内容：5cm 砂 + 无纺布隔渗层，修筑护坡、护肩、护脚。

单位：1000m²

指标编号				5Z-006	
项目			单位	干砌块石护坡灌浆（5cm 砂 + 无纺布隔渗层）	
				30cm 厚	占指标基价（%）
指标基价			元	63483	100.00
一、建筑安装工程费			元	51114	80.52
二、设备购置费			元	—	—
三、工程建设其他费用			元	7667	12.08
四、基本预备费			元	4702	7.41
建筑安装工程费					
直接费	人工费	人工	工日	448	—
		措施费分摊	元	130	—
		人工费小计	元	14021	22.09
	材料费	块石	m^3	350.10	—
		水泥砂浆 M10	m^3	7.20	—
		无纺布	m^2	1070.00	—
		中砂	m^3	67.60	—
		其他材料费	元	383	—
		措施费分摊	元	1414	—
		材料费小计	元	28082	44.24
	机械费	灰浆搅拌机 200L	台班	1.20	—
		措施费分摊	元	81	—
		机械费小计	元	140	0.22
	直接费小计		元	42243	—
综合费用			元	8871	13.97
合计			元	51114	—

工程内容：10cm 碎石 + 5cm 砂滤层，修筑护坡、护肩、护脚。

单位：1000m²

指标编号				5Z-007	
项目			单位	浆砌块石护坡（10cm 碎石 + 5cm 砂滤层）	
				30cm 厚	占指标基价（%）
指标基价			元	105221	100.00
一、建筑安装工程费			元	84719	80.52
二、设备购置费			元	—	—
三、工程建设其他费用			元	12708	12.08
四、基本预备费			元	7794	7.41
建筑安装工程费					
直接费	人工费	人工	工日	506	—
		措施费分摊	元	215	—
		人工费小计	元	15928	15.14
	材料费	块石	m^3	350.10	—
		水泥砂浆 M10	m^3	115.20	—
		碎石 40mm	m^3	102.00	—
		中砂	m^3	67.60	—
		其他材料费	元	409	—
		措施费分摊	元	2343	—
		材料费小计	元	52975	50.35
	机械费	灰浆搅拌机 200L	台班	19.20	—
		措施费分摊	元	135	—
		机械费小计	元	1113	1.06
	直接费小计		元	70016	—
综合费用			元	14703	13.97
合计			元	84719	—

工程内容：5cm 砂 + 无纺布隔渗层，修筑护坡、护肩、护脚。

单位：1000m²

指标编号			5Z-008	
项目		单位	浆砌块石护坡（5cm 砂 + 无纺布隔渗层）	
			30cm 厚	占指标基价（%）
指标基价		元	97217	100.00
一、建筑安装工程费		元	78275	80.52
二、设备购置费		元	—	—
三、工程建设其他费用		元	11741	12.08
四、基本预备费		元	7201	7.41
建筑安装工程费				
直接费	人工费	人工	工日	445	—
		措施费分摊	元	199	—
		人工费小计	元	14012	14.41
	材料费	块石	m^3	350.10	—
		水泥砂浆 M10	m^3	115.20	—
		无纺布	m^2	1070.00	—
		中砂	m^3	67.60	—
		其他材料费	元	409	—
		措施费分摊	元	2165	—
		材料费小计	元	49576	51.00
	机械费	灰浆搅拌机 200L	台班	19.20	—
		措施费分摊	元	124	—
		机械费小计	元	1102	1.13
	直接费小计		元	64690	—
综合费用			元	13585	13.97
合计			元	78275	—

工程内容：10cm 碎石 + 5cm 砂滤层，修筑护坡、护肩、护脚。

单位：1000m²

指标编号				5Z-009	
项目			单位	浆砌预制块护坡（10cm 碎石 + 5cm 砂滤层）	
				30cm 厚	占指标基价（%）
指标基价			元	141778	100.00
一、建筑安装工程费			元	114153	80.52
二、设备购置费			元	—	—
三、工程建设其他费用			元	17123	12.08
四、基本预备费			元	10502	7.41
建筑安装工程费					
直接费	人工费	人工	工日	558	—
		措施费分摊	元	290	—
		人工费小计	元	17593	12.41
	材料费	混凝土预制块	m^3	295.90	—
		水泥砂浆 M10	m^3	55.10	—
		碎石 40mm	m^3	102.00	—
		中砂	m^3	67.60	—
		其他材料费	元	1227	—
		措施费分摊	元	3157	—
		材料费小计	元	76100	53.68
	机械费	灰浆搅拌机 200L	台班	9.20	—
		措施费分摊	元	181	—
		机械费小计	元	648	0.46
	直接费小计		元	94341	—
综合费用			元	19812	13.97
合计			元	114153	—

工程内容：5cm 砂＋无纺布隔渗层，修筑护坡、护肩、护脚。

单位：$1000m^2$

指标编号				5Z-010	
项目			单位	浆砌预制块护坡（5cm 砂＋无纺布隔渗层）	
				30cm 厚	占指标基价（%）
指标基价			元	133777	100.00
一、建筑安装工程费			元	107711	80.51
二、设备购置费			元	—	—
三、工程建设其他费用			元	16157	12.08
四、基本预备费			元	9909	7.41
建筑安装工程费					
直接费	人工费	人工	工日	496	—
		措施费分摊	元	274	—
		人工费小计	元	15677	11.72
	材料费	混凝土预制块	m^3	295.90	—
		水泥砂浆 M10	m^3	55.10	—
		无纺布	m^2	1070.00	—
		中砂	m^3	67.60	—
		其他材料费	元	1227	—
		措施费分摊	元	2979	—
		材料费小计	元	72702	54.35
	机械费	灰浆搅拌机 200L	台班	9.20	—
		措施费分摊	元	171	—
		机械费小计	元	638	0.48
	直接费小计		元	89017	—
综合费用			元	18694	13.97
合计			元	107711	—

1.3 防 洪 墙

工程内容：土方、基础、砌筑墙体、勾缝、养护等。

单位：100m

指标编号				5Z-011	
项目			单位	浆砌块石防洪墙	
				H=4m	占指标基价（%）
指标基价			元	267367	100.00
一、建筑安装工程费			元	215271	80.51
二、设备购置费			元	—	—
三、工程建设其他费用			元	32291	12.08
四、基本预备费			元	19805	7.41
建筑安装工程费					
直接费	人工费	人工	工日	1308	—
		措施费分摊	元	547	—
		人工费小计	元	41134	15.38
	材料费	混凝土 C15	m^3	18.27	—
		混凝土 C20	m^3	148.44	—
		水泥 32.5 级	t	48.70	—
		中砂	t	319.85	—
		块石	m^3	629.54	—
		其他材料费	元	5657	—
		措施费分摊	元	5953	—
		材料费小计	元	133679	49.50
	机械费	灰浆搅拌机 200L	台班	33.30	—
		挖掘机（综合）	台班	1.12	—
		其他机械费	元	155.26	—
		措施费分摊	元	342	—
		机械费小计	元	3097	1.16
	直接费小计		元	177910	—
综合费用			元	37361	13.97
合 计			元	215271	—

工程内容：土方、基础、砌筑墙体、勾缝、养护等。

单位：100m

指标编号				5Z-012	
项目			单位	浆砌块石防洪墙	
				墙高每增减 1m	占指标基价（%）
指标基价			元	73810	100.00
一、建筑安装工程费			元	59429	80.51
二、设备购置费			元	—	—
三、工程建设其他费用			元	8914	12.08
四、基本预备费			元	5467	7.41
建筑安装工程费					
直接费	人工费	人工	工日	420	—
		措施费分摊	元	151	
		人工费小计	元	13182	17.86
	材料费	混凝土 C20	m^3	18.55	
		块石	m^3	231.75	—
		水泥 32.5 级	t	17.74	
		中砂	t	116.65	—
		其他材料费	元	1248	—
		措施费分摊	元	1643	
		材料费小计	元	34943	47.34
	机械费	灰浆搅拌机 200L	台班	12.26	—
		机动翻斗车（1t 以内）	台班	1.42	—
		挖掘机（综合）	台班	0.12	—
		其他机械费	元	16	—
		措施费分摊	元	94	—
		机械费小计	元	990	1.34
	直接费小计		元	49115	—
综合费用			元	10314	13.97
合计			元	59429	—

工程内容：土方、基础、砌筑墙体、勾缝、养护等。

单位：100m

指标编号				5Z-013	
项目			单位	浆砌料石防洪墙	
				H=4m	占指标基价（%）
指标基价			元	626000	100.00
一、建筑安装工程费			元	504026	80.51
二、设备购置费			元	—	—
三、工程建设其他费用			元	75604	12.08
四、基本预备费			元	46370	7.41
建筑安装工程费					
直接费	人工费	人工	工日	1134	—
		措施费分摊	元	1282	—
		人工费小计	元	36464	5.82
	材料费	混凝土 C20	m^3	148.44	—
		料石	m^3	422.06	—
		水泥 32.5级	t	32.34	—
		中砂	t	212.37	—
		其他材料费	元	10744	—
		措施费分摊	元	13938	—
		材料费小计	元	377113	60.24
	机械费	灰浆搅拌机 200L	台班	21.84	—
		挖掘机（综合）	台班	1.12	—
		其他机械费	元	155	—
		措施费分摊	元	801	—
		机械费小计	元	2973	0.47
	直接费小计		元	416550	—
综合费用			元	87476	13.97
合计			元	504026	—

工程内容：土方、基础、砌筑墙体、勾缝、养护等。

单位：100m

指标编号				5Z-014	
项目			单位	浆砌料石防洪墙	
				墙高每增减 1m	占指标基价（%）
指标基价			元	205578	100.00
一、建筑安装工程费			元	165522	80.51
二、设备购置费			元	—	—
三、工程建设其他费用			元	24828	12.08
四、基本预备费			元	15228	7.41
建筑安装工程费					
直接费	人工费	人工	工日	356	—
		措施费分摊	元	421	—
		人工费小计	元	11463	5.58
	材料费	混凝土 C20	m^3	18.55	—
		料石	m^3	155.37	—
		其他材料费	元	9838	—
		措施费分摊	元	4577	—
		材料费小计	元	124547	60.58
	机械费	灰浆搅拌机 200L	台班	8.04	—
		挖掘机（综合）	台班	0.12	—
		其他机械费	元	16	—
		措施费分摊	元	263	—
		机械费小计	元	785	0.38
	直接费小计		元	136795	—
综合费用			元	28727	13.97
合计			元	165522	—

工程内容：土方、基础、砌筑墙体、勾缝、养护等。

单位：100m

指标编号				5Z-015	
项目			单位	浆砌混凝土预制块防洪墙	
				H=4m	占指标基价（%）
指标基价			元	282909	100.00
一、建筑安装工程费			元	227785	80.51
二、设备购置费			元	—	—
三、工程建设其他费用			元	34168	12.08
四、基本预备费			元	20956	7.41
建筑安装工程费					
直接费	人工费	人工	工日	1057	—
		措施费分摊	元	579	—
		人工费小计	元	33377	11.80
	材料费	混凝土 C20	m^3	143.26	—
		混凝土预制块 C20	m^3	394.23	—
		水泥 32.5级	t	29.45	—
		中砂	t	193.39	—
		其他材料费	元	10534	—
		措施费分摊	元	6299	—
		材料费小计	元	152496	53.90
	机械费	灰浆搅拌机 200L	台班	20.40	—
		挖掘机（综合）	台班	1.027	—
		其他机械费	元	146	—
		措施费分摊	元	362	—
		机械费小计	元	2379	0.84
	直接费小计		元	188252	—
综合费用			元	39533	13.97
合计			元	227785	—

工程内容：土方、基础、砌筑墙体、勾缝、养护等。

单位：100m

指标编号				5Z-016	
项目			单位	浆砌混凝土预制块防洪墙	
				墙高每增减 1m	占指标基价（%）
指标基价			元	96162	100.00
一、建筑安装工程费			元	77425	80.51
二、设备购置费			元	—	—
三、工程建设其他费用			元	11614	12.08
四、基本预备费			元	7123	7.41
建筑安装工程费					
直接费	人工费	人工	工日	373	—
		措施费分摊	元	197	—
		人工费小计	元	11769	12.24
	材料费	混凝土 C20	m^3	34.52	—
		混凝土预制块 C20	m^3	160.01	—
		水泥 32.5 级	t	11.87	—
		中砂	t	77.94	—
		其他材料费	元	1495	—
		措施费分摊	元	2111	—
		材料费小计	元	51518	53.57
	机械费	灰浆搅拌机 200L	台班	8.28	—
		挖掘机（综合）	台班	0.16	—
		其他机械费	元	26	—
		措施费分摊	元	123	—
		机械费小计	元	701	0.73
	直接费小计		元	63988	—
综合费用			元	13437	13.97
合计			元	77425	—

工程内容：土方、基础、浇筑捣固混凝土墙体、养护等。

单位：100m

指标编号			单位	5Z-017	
项目			单位	现浇混凝土防洪墙	
				H=4m	占指标基价（%）
指标基价			元	245468	100.00
一、建筑安装工程费			元	197639	80.51
二、设备购置费			元	—	—
三、工程建设其他费用			元	29646	12.08
四、基本预备费			元	18183	—
建筑安装工程费					
直接费	人工费	人工	工日	429	—
		措施费分摊	元	503	—
		人工费小计	元	13818	5.63
	材料费	混凝土 C20	m^3	442.58	—
		其他材料费	元	9528	—
		措施费分摊	元	5466	—
		材料费小计	元	147791	60.21
	机械费	挖掘机（综合）	台班	1.25	—
		其他机械费	元	403	—
		措施费分摊	元	314	—
		机械费小计	元	1729	0.70
	直接费小计		元	163338	—
综合费用			元	34301	13.97
合计			元	197639	—

工程内容：土方、基础、浇筑捣固混凝土墙体、养护等。

单位：100m

指标编号				5Z-018	
项目			单位	现浇混凝土防洪墙	
				墙高每增减 1m	占指标基价（%）
指标基价			元	88462	100.00
一、建筑安装工程费			元	71225	80.51
二、设备购置费			元	—	—
三、工程建设其他费用			元	10684	12.08
四、基本预备费			元	6553	7.41
建筑安装工程费					
直接费	人工费	人工	工日	182	—
		措施费分摊	元	181	—
		人工费小计	元	5840	6.60
	材料费	混凝土 C20	m^3	160.03	—
		其他材料费	元	2341	—
		措施费分摊	元	1970	—
		材料费小计	元	52328	59.15
	机械费	挖掘机（综合）	台班	0.53	—
		其他机械费	元	156	—
		措施费分摊	元	113	—
		机械费小计	元	696	0.79
	直接费小计		元	58864	—
综合费用			元	12361	13.97
合计			元	71225	—

工程内容：土方、基础、浇筑捣固混凝土墙体、养护等。

单位：100m

指标编号				5Z-019	
项目			单位	毛石混凝土防洪墙	
				H=4m	占指标基价（%）
指标基价			元	247713	100.00
一、建筑安装工程费			元	199447	80.51
二、设备购置费			元	—	—
三、工程建设其他费用			元	29917	12.08
四、基本预备费			元	18349	7.41
建筑安装工程费					
直接费	人工费	人工	工日	258	—
		措施费分摊	元	507	—
		人工费小计	元	8516	3.44
	材料费	混凝土 C15	m^3	350.19	—
		混凝土 C20	m^3	115.64	—
		其他材料费	元	14455	—
		措施费分摊	元	5516	—
		材料费小计	元	154851	62.51
	机械费	挖掘机（综合）	台班	0.92	—
		其他机械费	元	405	—
		措施费分摊	元	317	—
		机械费小计	元	1465	0.59
	直接费小计		元	164832	—
综合费用			元	34615	13.97
合计			元	199447	—

工程内容：土方、基础、浇筑捣固混凝土墙体、养护等。

单位：100m

指标编号				5Z-020	
项目			单位	毛石混凝土防洪墙	
				墙高每增减 1m	占指标基价（%）
指标基价			元	76352	100.00
一、建筑安装工程费			元	61475	80.51
二、设备购置费			元	—	
三、工程建设其他费用			元	9221	12.08
四、基本预备费			元	5656	7.41
建筑安装工程费					
直接费	人工费	人工	工日	53	—
		措施费分摊	元	156	—
		人工费小计	元	1804	2.36
	材料费	混凝土 C15	m^3	131.93	—
		混凝土 C20	m^3	17.26	—
		其他材料费	元	4077	—
		措施费分摊	元	1700	—
		材料费小计	元	48698	63.78
	机械费	挖掘机（综合）	台班	0.11	—
		其他机械费	元	115	—
		措施费分摊	元	98	—
		机械费小计	元	304	0.40
	直接费小计		元	50806	—
综合费用			元	10669	13.97
合计			元	61475	—

工程内容：土方、基础、浇筑捣固混凝土墙体、钢筋制作安装、养护等。

单位：100m

指标编号				5Z-021	
项目			单位	扶壁式钢筋混凝土防洪墙	
				H=4m	占指标基价（%）
指标基价			元	233691	100.00
一、建筑安装工程费			元	188157	80.51
二、设备购置费			元	—	
三、工程建设其他费用			元	28224	12.08
四、基本预备费			元	17310	7.41
建筑安装工程费					
直接费	人工费	人工	工日	362	—
		措施费分摊	元	478	—
		人工费小计	元	11718	5.01
	材料费	混凝土 C20	m^3	67.75	—
		混凝土 C25	m^3	126.56	—
		钢筋 ϕ10 以内	t	8.94	—
		钢筋 ϕ10 以上	t	11.89	—
		其他材料费	元	2901	—
		措施费分摊	元	5203	—
		材料费小计	元	142074	60.80
	机械费	挖掘机（综合）	台班	0.61	—
		钢筋调直机 ϕ14 以内	台班	18.11	—
		钢筋切断机 ϕ40 以内	台班	18.11	—
		其他机械费	元	167	—
		措施费分摊	元	299	—
		机械费小计	元	1710	0.73
	直接费小计		元	155502	—
综合费用			元	32655	13.97
合计			元	188157	—

工程内容：土方、基础、浇筑捣固混凝土墙体、钢筋制作安装、养护等。

单位：100m

指标编号				5Z-022	
项目			单位	扶壁式钢筋混凝土防洪墙	
				墙高每增减 1m	占指标基价（%）
指标基价			元	112929	100.00
一、建筑安装工程费			元	90925	80.51
二、设备购置费			元	—	—
三、工程建设其他费用			元	13639	12.08
四、基本预备费			元	8365	7.41
建筑安装工程费					
直接费	人工费	人工	工日	288	—
		措施费分摊	元	231	—
		人工费小计	元	9170	8.12
	材料费	混凝土 C20	m^3	20.49	—
		混凝土 C25	m^3	38.40	—
		钢筋 ϕ10 以内	t	4.37	—
		钢筋 ϕ10 以上	t	7.28	—
		其他材料费	元	2531	—
		措施费分摊	元	2514	—
		材料费小计	元	64329	56.96
	机械费	钢筋调直机 ϕ14 以内	台班	11.99	—
		钢筋切断机 ϕ40 以内	台班	11.99	—
		挖掘机（综合）	台班	0.96	—
		其他机械费	元	225	—
		措施费分摊	元	145	—
		机械费小计	元	1646	1.46
	直接费小计		元	75145	—
综合费用			元	15780	13.97
合计			元	90925	—

工程内容：土方、基础、浇筑捣固混凝土墙体、钢筋制作安装、养护等。

单位：100m

指标编号				5Z-023	
项目			单位	悬壁式钢筋混凝土防洪墙	
				H=4m	占指标基价（%）
指标基价			元	242627	100.00
一、建筑安装工程费			元	195352	80.51
二、设备购置费			元	—	—
三、工程建设其他费用			元	29303	12.08
四、基本预备费			元	17972	7.41
建筑安装工程费					
直接费	人工费	人工	工日	457	—
		措施费分摊	元	497	—
		人工费小计	元	14678	6.05
	材料费	混凝土 C25	m^3	200.58	—
		钢筋 ϕ10 以内	t	9.07	—
		钢筋 ϕ10 以上	t	11.39	—
		其他材料费	元	2728	—
		措施费分摊	元	5402	—
		材料费小计	元	144487	59.55
	机械费	钢筋调直机 ϕ14 以内	台班	17.90	—
		钢筋切断机 ϕ40 以内	台班	17.90	—
		挖掘机（综合）	台班	1.26	—
		其他机械费	元	217	—
		措施费分摊	元	310	—
		机械费小计	元	2283	0.94
	直接费小计		元	161448	—
综合费用			元	33904	13.97
合计			元	195352	—

工程内容：土方、基础、浇筑捣固混凝土墙体、钢筋制作安装、养护等。

单位：100m

指标编号				5Z-024	
项目			单位	悬壁式钢筋混凝土防洪墙	
				墙高每增减 1m	占指标基价（%）
指标基价			元	61257	100.00
一、建筑安装工程费			元	49321	80.51
二、设备购置费			元	—	—
三、工程建设其他费用			元	7398	12.08
四、基本预备费			元	4538	7.41
建筑安装工程费					
直接费	人工费	人工	工日	76	—
		措施费分摊	元	125	—
		人工费小计	元	2490	4.06
	材料费	混凝土 C25	m^3	81.56	—
		钢筋 ϕ10 以内	t	1.10	—
		钢筋 ϕ10 以上	t	1.43	—
		其他材料费	元	1350	—
		措施费分摊	元	1364	—
		材料费小计	元	37987	62.01
	机械费	钢筋调直机 ϕ14 以内	台班	2.21	—
		钢筋切断机 ϕ40 以内	台班	2.21	—
		挖掘机（综合）	台班	0.05	—
		其他机械费	元	75	—
		措施费分摊	元	78	—
		机械费小计	元	284	0.46
	直接费小计		元	40761	—
综合费用			元	8560	13.97
合计			元	49321	—

2　防洪堤防工程分项指标

说　明

分项指标的内容包括基础、土堤、护坡、滤层、护脚、防洪墙、压顶等。

一、土堤分项指标中，考虑采用人机配合的方式进行施工，其中机械占90%，人工占10%，且取定密实度≥95%。

二、指标中混凝土价格全部以商品混凝土计入。

三、土堤分项指标中不包括土源的费用。

四、工程量计算规则：

1. 护坡面积以基础以上的宽度和自然延长米计算。

2. 指标中土堤、护坡和防洪墙工程，断面、厚度和设置高度与实际不同时，可按指标相应项目或按比例进行调整。

2.1 基　础

2.1.1 土 基 础

工程内容：挖、运、平土，洒水、夯实。

单位：$100m^3$

指标编号				5F-001	
项　目			单位	土基础	占指标基价（%）
指标基价			元	2476	100.00
一、建筑安装工程费			元	2476	100.00
二、设备购置费			元	—	—
建筑安装工程费					
直接费	人工费	人工	工日	61	—
		措施费分摊	元	6	—
		人工费小计	元	1909	77.10
	材料费	水	m^3	1.55	—
		措施费分摊	元	68.00	—
		材料费小计	元	77	3.11
	机械费	电动夯实机 20~62kg·m	台班	2.70	—
		措施费分摊	元	4	—
		机械费小计	元	60	2.42
	直接费小计		元	2046	—
综合费用			元	430	17.37
合　计			元	2476	—

2.1.2 灰土基础

工程内容：挖、运、平土，闷灰、平整、洒水、夯实。

单位：$100m^3$

指标编号				5F-002	
项目			单位	灰土基础	占指标基价（%）
指标基价			元	9943	100.00
一、建筑安装工程费			元	9943	100.00
二、设备购置费			元	—	—
建筑安装工程费					
直接费	人工费	人工	工日	153	—
		措施费分摊	元	25	—
		人工费小计	元	4761	47.88
	材料费	生石灰	t	16.83	—
		其他材料费	元	118	—
		措施费分摊	元	275	—
		材料费小计	元	2581	25.96
	机械费	履带式推土机 75kW	台班	0.26	—
		履带式单斗挖掘机 $1m^3$	台班	0.29	—
		自卸汽车 4t	台班	1.43	—
		其他机械费	元	56	—
		措施费分摊	元	16	—
		机械费小计	元	875	8.80
	直接费小计		元	8217	—
综合费用			元	1726	17.36
合　计			元	9943	—

2.1.3 砖 基 础

工程内容：挖基坑、砌砖、基坑回填、夯实。

单位：100m³

指标编号				5F-003	
项目			单位	砖基础	占指标基价（%）
指标基价			元	26737	100.00
一、建筑安装工程费			元	26737	100.00
二、设备购置费			元	—	—
建筑安装工程费					
直接费	人工费	人工	工日	25	—
		措施费分摊	元	68	—
		人工费小计	元	829	3.10
	材料费	标准砖	千块	52.30	—
		水泥砂浆 M10	m^3	26.30	—
		其他材料费	元	56	—
		措施费分摊	元	739	—
		材料费小计	元	21003	78.55
	机械费	灰浆搅拌机 200L	台班	4.38	—
		措施费分摊	元	42	—
		机械费小计	元	265	0.99
	直接费小计		元	22097	—
综合费用			元	4640	17.35
合　计			元	26737	—

2.1.4 浆砌块石基础

工程内容：选修石料、调制砂浆、砌筑、养护。

单位：100m³

指标编号				5F-004	
项目			单位	浆砌块石基础	占指标基价（%）
指标基价			元	22640	100.00
一、建筑安装工程费			元	22640	100.00
二、设备购置费			元	—	—
建筑安装工程费					
直接费	人工费	人工	工日	124	—
		措施费分摊	元	58	—
		人工费小计	元	3914	17.29
	材料费	块石	m^3	116.70	—
		水泥砂浆 M10	m^3	36.70	—
		其他材料费	元	45	—
		措施费分摊	元	626	—
		材料费小计	元	14451	63.83
	机械费	灰浆搅拌机 200L	台班	6.10	—
		措施费分摊	元	36	—
		机械费小计	元	346	1.53
	直接费小计		元	18711	—
综合费用			元	3929	17.35
合　计			元	22640	—

2.1.5 混凝土基础

工程内容：混凝土浇捣、整平、养护。

单位：100m^3

指标编号				5F-005	
项目			单位	混凝土基础	占指标基价（%）
指标基价			元	43336	100.00
一、建筑安装工程费			元	43336	100.00
二、设备购置费			元	—	—
建筑安装工程费					
直接费	人工费	人工	工日	38	—
		措施费分摊	元	104	—
		人工费小计	元	1283	2.97
	材料费	混凝土 C25	m^3	102	—
		其他材料费	元	204	—
		措施费分摊	元	1140	—
		材料费小计	元	34436	79.45
	机械费	措施费分摊	元	65	—
		机械费小计	元	96	0.23
	直接费小计		元	35815	—
综合费用			元	7521	17.36
合　计			元	43336	—

2.1.6 毛石混凝土基础

工程内容：混凝土浇捣、抛石块、整平、养护。

单位：100m³

指标编号				5F-006	
项目			单位	毛石混凝土基础（C25，毛石占20%）	占指标基价（%）
指标基价			元	38294	100.00
一、建筑安装工程费			元	38294	100.00
二、设备购置费			元	—	
建筑安装工程费					
直接费	人工费	人工	工日	33	—
		措施费分摊	元	93	—
		人工费小计	元	1108	2.90
	材料费	混凝土 C25	m³	86.70	—
		毛石	m³	27.20	—
		其他材料费	元	204	—
		措施费分摊	元	1009	—
		材料费小计	元	30456	79.52
	机械费	措施费分摊	元	58	—
		机械费小计	元	84	0.23
	直接费小计		元	31648	—
综合费用			元	6646	17.36
合计			元	38294	—

2.2 土 堤

工程内容：挖、运、填、碾压土方。

单位：100m^3

指标编号				5F-007	
项目			单位	土堤（人机配合，人工占10%，机械占90%）	占指标基价（%）
指标基价			元	1550	100.00
一、建筑安装工程费			元	1550	100.00
二、设备购置费			元	—	—
建筑安装工程费					
直接费	人工费	人工	工日	7	—
		措施费分摊	元	4	—
		人工费小计	元	232	14.97
	材料费	水	m^3	1.51	—
		措施费分摊	元	43	—
		材料费小计	元	51	3.29
	机械费	履带式推土机 75kW	台班	0.27	—
		履带式单斗挖掘机 1m^3	台班	0.19	—
		自卸汽车 4t	台班	1.43	—
		光轮压路机 15t	台班	0.65	—
		洒水汽车 4000L	台班	0.06	—
		措施费分摊	元	2	—
		机械费小计	元	998	64.39
	直接费小计		元	1281	—
综合费用			元	269	17.35
合　计			元	1550	—

2.3 护　　坡

2.3.1 干砌块石护坡

工程内容：选修石料、砌筑、勾缝、养护。

单位：$100m^3$

指标编号				5F-008	
项目			单位	干砌块石护坡	
				30cm 厚	占指标基价（%）
指标基价			元	14876	100.00
一、建筑安装工程费			元	14876	100.00
二、设备购置费			元	—	—
建筑安装工程费					
直接费	人工费	人工	工日	140	—
		措施费分摊	元	38	—
		人工费小计	元	4382	29.46
	材料费	块石	m^3	116.70	—
		水泥砂浆 M10	m^3	1.73	—
		其他材料费	元	385	—
		措施费分摊	元	411	—
		材料费小计	元	7873	52.92
	机械费	灰浆搅拌机 200L	台班	0.30	—
		措施费分摊	元	24	—
		机械费小计	元	39	0.26
	直接费小计		元	12294	—
综合费用			元	2582	17.36
合　　计			元	14876	—

工程内容：选修石料、砌筑、勾缝、养护。

单位：$100m^3$

指标编号			单位	5F-009	
项目			单位	干砌块石护坡	
				厚度每增减 10cm	占指标基价（%）
指标基价			元	679	100.00
一、建筑安装工程费			元	679	100.00
二、设备购置费			元	—	—
建筑安装工程费					
直接费	人工费	人工	工日	17	—
		措施费分摊	元	2	—
		人工费小计	元	541	79.68
	材料费	材料	元	—	—
		措施费分摊	元	19	—
		材料费小计	元	19	2.80
	机械费	机械	元	—	—
		措施费分摊	元	1	—
		机械费小计	元	1	0.15
	直接费小计		元	561	—
综合费用			元	118	17.38
合计			元	679	—

2.3.2 干砌块石护坡灌浆

工程内容：选修石料、砌筑、勾缝、养护。

单位：100m^3

指标编号				5F-010	
项目			单位	干砌块石护坡灌浆	
				30cm 厚	占指标基价（%）
指标基价			元	18800	100.00
一、建筑安装工程费			元	18800	100.00
二、设备购置费			元	—	—
建筑安装工程费					
直接费	人工费	人工	工日	142	—
		措施费分摊	元	48	—
		人工费小计	元	4459	23.71
	材料费	块石	m^3	116.70	—
		混凝土 C15	m^3	10.25	—
		水泥砂浆 M10	m^3	2.35	—
		其他材料费	元	383	—
		措施费分摊	元	517	—
		材料费小计	元	11028	58.67
	机械费	灰浆搅拌机 200L	台班	0.40	—
		措施费分摊	元	30	—
		机械费小计	元	50	0.27
	直接费小计		元	15537	—
综合费用			元	3263	17.35
合　计			元	18800	—

工程内容：选修石料、砌筑、勾缝、养护。

单位：100m³

指标编号				5F-011	
项目			单位	干砌块石护坡灌浆	
				厚度每增减 10cm	占指标基价（%）
指标基价			元	713	100.00
一、建筑安装工程费			元	713	100.00
二、设备购置费			元	—	—
建筑安装工程费					
直接费	人工费	人工	工日	18	—
		措施费分摊	元	2	—
		人工费小计	元	568	79.66
	材料费	材料	元	—	—
		措施费分摊	元	20	—
		材料费小计	元	20	2.81
	机械费	机械	元	—	—
		措施费分摊	元	1	—
		机械费小计	元	1	0.14
	直接费小计		元	589	—
综合费用			元	124	17.39
合　计			元	713	—

2.3.3 浆砌块石护坡

工程内容：选修石料、砌筑、勾缝、养护。

单位：100m³

指标编号			5F-012	
项目		单位	浆砌块石护坡	
			30cm 厚	占指标基价（%）
指标基价		元	24200	100.00
一、建筑安装工程费		元	24200	100.00
二、设备购置费		元	—	—
建筑安装工程费				
直接费	人工费	人工	工日	141	—
		措施费分摊	元	62	—
		人工费小计	元	4447	18.38
	材料费	块石	m^3	116.70	—
		水泥砂浆 M10	m^3	38.43	—
		其他材料费	元	409	—
		措施费分摊	元	669	—
		材料费小计	元	15189	62.76
	机械费	灰浆搅拌机 200L	台班	6.41	—
		措施费分摊	元	38	—
		机械费小计	元	364	1.50
	直接费小计		元	20000	—
综合费用			元	4200	17.36
合　计			元	24200	—

工程内容：选修石料、砌筑、勾缝、养护。

单位：$100m^3$

指标编号			单位	5F-013	
项目				浆砌块石护坡	
				厚度每增减 10cm	占指标基价（%）
指标基价			元	693	100.00
一、建筑安装工程费			元	693	100.00
二、设备购置费			元	—	—
建筑安装工程费					
直接费	人工费	人工	工日	18	—
		措施费分摊	元	2	—
		人工费小计	元	553	79.80
	材料费	材料	元	—	—
		措施费分摊	元	19	—
		材料费小计	元	19	2.74
	机械费	机械	元	—	—
		措施费分摊	元	1	—
		机械费小计	元	1	0.14
	直接费小计		元	573	—
综合费用			元	120	17.32
合计			元	693	—

2.3.4 浆砌预制块护坡

工程内容：砌筑、勾缝、养护。

单位：$100m^3$

指标编号				5F-014	
项目			单位	浆砌预制块护坡	占指标基价（%）
指标基价			元	33667	100.00
一、建筑安装工程费			元	33667	100.00
二、设备购置费			元	—	—
建筑安装工程费					
直接费	人工费	人工	工日	158	—
		措施费分摊	元	86	—
		人工费小计	元	5001	14.85
	材料费	混凝土预制块	m^3	98.63	—
		水泥砂浆 M10	m^3	18.36	—
		其他材料费	元	409	—
		措施费分摊	元	931	—
		材料费小计	元	22613	67.17
	机械费	灰浆搅拌机 200L	台班	3.06	—
		措施费分摊	元	54	—
		机械费小计	元	210	0.62
	直接费小计		元	27824	—
综合费用			元	5843	17.36
合　计			元	33667	—

2.3.5 生 态 护 坡

工程内容：砌预制块、草皮铺设、拍紧，洒水、养护。

单位：$100m^2$

指标编号				5F-015	
项目			单位	生态护坡	占指标基价（%）
指标基价			元	6063	100.00
一、建筑安装工程费			元	6063	100.00
二、设备购置费			元	—	—
建筑安装工程费					
直接费	人工费	人工	工日	40	—
		措施费分摊	元	15	—
		人工费小计	元	1259	20.77
	材料费	混凝土预制块	m^2	57.50	—
		草皮	m^2	57.50	—
		其他材料费	元	132	—
		措施费分摊	元	168	—
		材料费小计	元	3738	61.65
	机械费	灰浆搅拌机 200L	台班	0.07	—
		措施费分摊	元	10	—
		机械费小计	元	14	0.23
	直接费小计		元	5011	—
综合费用			元	1052	17.35
合　计			元	6063	—

2.4 护　　脚

2.4.1 浆砌块石护脚

工程内容：选修石料、砌筑、灌浆、养护。

单位：$100m^3$

指标编号				5F-016	
项目			单位	浆砌块石护脚	占指标基价（%）
指标基价			元	25288	100.00
一、建筑安装工程费			元	25288	100.00
二、设备购置费			元	—	—
建筑安装工程费					
直接费	人工费	人工	工日	190	—
		措施费分摊	元	64	—
		人工费小计	元	5945	23.51
	材料费	块石	m^3	116.70	—
		水泥砂浆 M10	m^3	36.70	—
		其他材料费	元	125	—
		措施费分摊	元	699	—
		材料费小计	元	14604	57.75
	机械费	灰浆搅拌机 200L	台班	6.10	—
		措施费分摊	元	40	—
		机械费小计	元	350	1.38
	直接费小计		元	20899	—
综合费用			元	4389	17.36
合　　计			元	25288	—

2.4.2 混凝土护脚

工程内容：混凝土浇捣、振捣、养护。

单位：100m³

指标编号				5F-017	
项目			单位	混凝土护脚	占指标基价（%）
指标基价			元	42529	100.00
一、建筑安装工程费			元	42529	100.00
二、设备购置费			元	—	—
建筑安装工程费					
直接费	人工费	人工	工日	94	—
		措施费分摊	元	105	—
		人工费小计	元	3006	7.07
	材料费	混凝土 C20	m^3	102.00	—
		其他材料费	元	296	—
		措施费分摊	元	1149	—
		材料费小计	元	32050	75.36
	机械费	措施费分摊	元	66	—
		机械费小计	元	92	0.22
	直接费小计		元	35148	—
综合费用			元	7381	17.36
合计			元	42529	—

2.5 滤　　层

2.5.1 砂 滤 层

工程内容：配料、堆筑、铺设。

单位：100m^3

指标编号				5F-018	
项　　目			单位	砂滤层	
				10cm	占指标基价（%）
指标基价			元	11214	100.00
一、建筑安装工程费			元	11214	100.00
二、设备购置费			元	—	—
建筑安装工程费					
直接费	人工费	人工	工日	40	—
		措施费分摊	元	28	—
		人工费小计	元	1278	11.40
	材料费	中砂	m^3	135.20	—
		措施费分摊	元	310	—
		材料费小计	元	7972	71.09
	机械费	机械	元	—	—
		措施费分摊	元	18	—
		机械费小计	元	18	0.16
	直接费小计		元	9268	—
综合费用			元	1946	17.35
合　计			元	11214	—

工程内容：配料、堆筑、铺设。

单位：$100m^3$

指标编号			单位	5F-019	
项目			单位	砂滤层	
				厚度每增减10cm	占指标基价（%）
指标基价			元	41	100.00
一、建筑安装工程费			元	41	100.00
二、设备购置费			元	—	—
建筑安装工程费					
直接费	人工费	人工	工日	1	—
		措施费分摊	元	1	—
		人工费小计	元	34	82.93
	材料费	材料	元	—	—
		措施费分摊	元	—	—
		材料费小计	元	—	—
	机械费	机械	元	—	—
		措施费分摊	元	—	—
		机械费小计	元	—	—
	直接费小计		元	34	—
综合费用			元	7	17.07
合计			元	41	—

2.5.2 碎 石 滤 层

工程内容：配料、堆筑、铺设。

单位：100m^3

指标编号				5F-020	
项目			单位	碎石滤层	
				10cm	占指标基价（%）
指标基价			元	3173	100.00
一、建筑安装工程费			元	3173	100.00
二、设备购置费			元	—	—
建筑安装工程费					
直接费	人工费	人工	工日	62	—
		措施费分摊	元	8	—
		人工费小计	元	1939	61.11
	材料费	碎石 40mm	m^3	10.20	—
		措施费分摊	元	88	—
		材料费小计	元	678	21.37
	机械费	机械	元	—	—
		措施费分摊	元	5	—
		机械费小计	元	5	0.16
	直接费小计		元	2622	—
综合费用			元	551	17.37
合　计			元	3173	—

工程内容：配料、堆筑、铺设。

单位：100m^3

指标编号				5F-021	
项目			单位	碎石滤层	
				厚度每增减 10cm	占指标基价（%）
指标基价			元	128	100.00
一、建筑安装工程费			元	128	100.00
二、设备购置费			元	—	—
建筑安装工程费					
直接费	人工费	人工	工日	3	—
		措施费分摊	元	1	—
		人工费小计	元	106	80.47
	材料费	材料	元	—	—
		措施费分摊	元	3	—
		材料费小计	元	3	2.34
	机械费	机械	元	—	—
		措施费分摊	元	—	—
		机械费小计	元	—	—
	直接费小计		元	106	—
综合费用			元	22	17.19
合　计			元	128	—

2.6 防 洪 墙

2.6.1 浆砌块石防洪墙

工程内容：选修石料、调制砂浆、砌筑、养护。

单位：100m^3

指标编号				5F-022	
项目			单位	浆砌块石防洪墙	占指标基价（%）
指标基价			元	23342	100.00
一、建筑安装工程费			元	23342	100.00
二、设备购置费			元	—	
建筑安装工程费					
直接费	人工费	人工	工日	141	—
		措施费分摊	元	59	—
		人工费小计	元	4445	19.04
	材料费	水泥砂浆 M10	m^3	36.70	—
		块石	m^3	116.60	—
		其他材料费	元	78	—
		措施费分摊	元	646	—
		材料费小计	元	14499	62.12
	机械费	灰浆搅拌机 200L	台班	6.10	—
		措施费分摊	元	37	—
		机械费小计	元	347	1.49
	直接费小计		元	19291	—
综合费用			元	4051	17.35
合计			元	23342	—

2.6.2 浆砌料石防洪墙

工程内容：选修石料、调制砂浆、砌筑、养护。

单位：100m³

指标编号				5F-023	
项目			单位	浆砌料石防洪墙	占指标基价（%）
指标基价			元	96596	100.00
一、建筑安装工程费			元	96596	100.00
二、设备购置费			元	—	—
建筑安装工程费					
直接费	人工费	人工	工日	141	—
		措施费分摊	元	246	—
		人工费小计	元	4627	4.79
	材料费	水泥砂浆 M10	m³	9.20	—
		细料石	m³	91.90	—
		其他材料费	元	112	—
		措施费分摊	元	2671	—
		材料费小计	元	73380	75.97
	机械费	履带式电动起重机 5t	台班	10.80	—
		灰浆搅拌机 200L	台班	1.53	—
		措施费分摊	元	154	—
		机械费小计	元	1824	1.89
	直接费小计		元	79831	—
综合费用			元	16765	17.36
合计			元	96596	—

2.6.3 浆砌混凝土预制块防洪墙

工程内容：调制砂浆、砌筑、养护。

单位：100m³

指标编号				5F-024	
项目			单位	浆砌混凝土预制块防洪墙	占指标基价（%）
指标基价			元	28279	100.00
一、建筑安装工程费			元	28279	100.00
二、设备购置费			元	—	
建筑安装工程费					
直接费	人工费	人工	工日	97	—
		措施费分摊	元	72	—
		人工费小计	元	3076	10.88
	材料费	水泥砂浆 M10	m^3	9.20	—
		混凝土预制块	m^3	91.90	—
		其他材料费	元	112	—
		措施费分摊	元	782	—
		材料费小计	元	19199	67.89
	机械费	履带式电动起重机 5t	台班	6.60	—
		灰浆搅拌机 200L	台班	1.53	—
		措施费分摊	元	45	—
		机械费小计	元	1096	3.88
	直接费小计		元	23371	—
综合费用			元	4908	17.36
合计			元	28279	—

2.6.4 现浇混凝土防洪墙

工程内容：捣固、整平、养护。

单位：$100m^3$

指标编号				5F-025	
项目			单位	现浇混凝土防洪墙	占指标基价（%）
指标基价			元	42158	100.00
一、建筑安装工程费			元	42158	100.00
二、设备购置费			元	—	—
建筑安装工程费					
直接费	人工费	人工	工日	119	—
		措施费分摊	元	104	—
		人工费小计	元	3783	8.97
	材料费	混凝土 C15	m^3	102.00	—
		其他材料费	元	646	—
		措施费分摊	元	1136	—
		材料费小计	元	30962	73.44
	机械费	措施费分摊	元	65	—
		机械费小计	元	96	0.23
	直接费小计		元	34841	—
综合费用			元	7317	17.36
合　计			元	42158	—

2.6.5 现浇毛石混凝土防洪墙

工程内容：捣固、整平、养护。

单位：100m³

指标编号				5F-026	
项目			单位	现浇毛石混凝土防洪墙	占指标基价（%）
指标基价			元	36859	100.00
一、建筑安装工程费			元	36859	100.00
二、设备购置费			元	—	—
建筑安装工程费					
直接费	人工费	人工	工日	102	—
		措施费分摊	元	92	—
		人工费小计	元	3264	8.85
	材料费	混凝土 C15	m^3	86.70	—
		毛石	m^3	27.20	—
		其他材料费	元	204	—
		措施费分摊	元	993	—
		材料费小计	元	27115	73.56
	机械费	措施费分摊	元	57	—
		机械费小计	元	83	0.23
	直接费小计		元	30462	—
综合费用			元	6397	17.36
合　计			元	36859	—

2.7 压 顶

2.7.1 浆砌块石压顶

工程内容：选修石料、砌筑、养护。

单位：10m^3

指标编号				5F-027	
项目			单位	浆砌块石压顶	占指标基价（%）
指标基价			元	1981	100.00
一、建筑安装工程费			元	1981	100.00
二、设备购置费			元	—	—
建筑安装工程费					
直接费	人工费	人工	工日	23	—
		措施费分摊	元	5	—
		人工费小计	元	728	36.75
	材料费	水泥砂浆 M10	m^3	1.66	—
		块石	m^3	8.46	—
		其他材料费	元	30	—
		措施费分摊	元	55	—
		材料费小计	元	892	45.03
	机械费	灰浆搅拌机 200L	台班	0.28	—
		措施费分摊	元	3	—
		机械费小计	元	17	0.86
	直接费小计		元	1637	—
综合费用			元	344	17.36
合　计			元	1981	—

2.7.2 浆砌预制块压顶

工程内容：砌筑、养护。

单位：$10m^3$

指标编号				5F-028	
项目			单位	浆砌预制块压顶	占指标基价（%）
指标基价			元	3197	100.00
一、建筑安装工程费			元	3197	100.00
二、设备购置费			元	—	—
建筑安装工程费					
直接费	人工费	人工	工日	21	—
		措施费分摊	元	8	—
		人工费小计	元	665	20.80
	材料费	水泥砂浆 M10	m^3	1.68	—
		混凝土预制块	m^3	8.44	—
		其他材料费	元	29	—
		措施费分摊	元	88	—
		材料费小计	元	1958	61.24
	机械费	灰浆搅拌机 200L	台班	0.28	—
		措施费分摊	元	5	—
		机械费小计	元	19	0.59
	直接费小计		元	2642	—
综合费用			元	555	17.36
合　计			元	3197	—

2.7.3 混凝土压顶

工程内容：浇捣、养护。

单位：$10m^3$

指标编号				5F-029	
项目			单位	混凝土压顶	占指标基价（%）
指标基价			元	4568	100.00
一、建筑安装工程费			元	4568	100.00
二、设备购置费			元	—	—
建筑安装工程费					
直接费	人工费	人工	工日	18	—
		措施费分摊	元	12	—
		人工费小计	元	580	12.70
	材料费	混凝土 C15	m^3	10.20	—
		其他材料费	元	142	—
		措施费分摊	元	123	—
		材料费小计	元	3183	69.75
	机械费	机械费	元	2	—
		措施费分摊	元	7	—
		机械费小计	元	9	0.20
	直接费小计		元	3772	—
综合费用			元	793	17.36
合　计			元	4565	—

附 录

附录一　主要材料、机械台班、设备单价取定表

序号	材料名称	规格型号	单位	单价（元）
1	水泥	32.5 级	t	350.00
2	碎石	40mm	m^3	57.80
3	块石		m^3	57.80
4	毛石		m^3	27.00
5	料石		m^3	673.00
6	中砂		m^3	43.26
7	中砂		t	29.63
8	生石灰		t	147.00
9	标准砖		千块	290.00
10	镀锌铁丝	22#	kg	7.80
11	草袋		个	1.95
12	木柴		kg	0.23
13	无纺布		m^2	2.50
14	草皮		m^2	8.00
15	石油沥青		kg	1.28
16	沥青油毡		m^2	2.49
17	水		m^3	0.45
18	水泥砂浆	M10	m^3	148.14
19	混凝土	C15	m^3	277.24
20	混凝土	C20	m^3	292.24
21	混凝土	C25	m^3	307.24
22	混凝土预制块		m^3	180.00
23	混凝土预制块		m^2	55.00
24	钢筋	ϕ10 以内	t	3450.00
25	钢筋	ϕ10 以上	t	3550.00
26	电动夯实机	20~62kg/m	台班	20.80
27	履带式推土机	75kW	台班	545.44
28	履带式单斗挖掘机	$1m^3$	台班	728.06
29	自卸汽车	4t	台班	315.36
30	灰浆搅拌机	200L	台班	50.86
31	光轮压路机	15t	台班	358.05
32	洒水汽车	4000L	台班	339.22
33	履带式电动起重机	5t	台班	147.43
34	混凝土震捣器	（插入式）	台班	4.71
35	推土机	（综合）	台班	633.24
36	挖掘机	（综合）	台班	811.62
37	机动翻斗车	（1t 以内）	台班	111.82
38	钢筋调直机	ϕ14 以内	台班	22.25
39	钢筋切断机	ϕ40 以内	台班	18.91

附录二　编制防洪堤防工程投资估算应用案例

1　综合指标应用案例

例：马拉沟浆砌块石防洪墙（墙高 4m）

工程特征：现浇混凝土 C15 带形基础，水泥砂浆石 M7.5 防洪墙，现浇混凝土 C15 圈梁。

工程内容：土方，基础，墙体砌筑，脚手架搭、拆、模板制作、安装、拆除，混凝土浇筑，墙面勾缝，伸缩缝。

市场人工工日、材料、机械台班价格如下：

1. 人工	25.84 元/工日
2. 混凝土 C15	269.03 元/m^3
3. 混凝土 C20	282.25 元/ m^3
4. 块石	57.80 元/工日
5. 水泥 32.5 级	350 元/t
6. 中砂	29.63 元/t
7. 灰浆搅拌机 200L	61.66 元/台班
8. 混凝土振捣器（插入式）	4.71 元/台班

一、综合指标建筑安装工程费计算

1. 计算人工、材料、机械的费用：

套用 5Z-011 子目。

人工费换价：25.84×1308=33798.72（元）

主要材料费换价：269.03×18.27+282.25×148.44+48.7×340+629.54×57.80+29.63×319.85=109234.94（元）

$$其他材料费=指标其他材料费\times\frac{调整后的主要材料费}{指标(材料费小计-其他材料费-材料费中措施费分摊)}$$

=5657×（109234.94/133679-5657-5953）

=5062（元）

主要机械费换价：33.3×61.66+1.12×811.62=2962.29（元）

$$其他机械费=指标其他机械费\times\frac{调整后的主要机械费}{指标(机械费小计-其他机械费-机械费中措施费分摊)}$$

=155.26×（2962.29/3097-155.26-342）

=177（元）

2. 措施费计算

措施费费率为 4%（其中分摊比例：人工费 8%，材料费 87%，机械费 5%）

措施费=调整后的（人工费+主材费+其他材料费+机械费+其他机械费）×4%

=（33798.72+109234.94+5062+2962.29+177）×0.04

=6049.4（元）

其中人工费中措施费分摊 6049.4×0.08=483.95（元）

材料费中措施费分摊 6049.4×0.87=5262.98（元）

机械费中措施费分摊 6049.4×0.05=302.47（元）

3. 建筑安装直接费小计:33798.72+483.95+109234.94+5062+5262.98+2962.29+177+302.47=157284.35（元）

4. 综合费用

采用综合费用费率为 21%

157284.35×0.21=33029.71（元）

5. 建筑安装工程费：157284.35+33029.71=190314.06（元）

二、综合指标工程建设其他费

工程建设其他费用费率为 15%

190314.06×0.15=28547.11（元）

三、综合指标基本预备费

基本预备费=（建筑安装工程费+工程建设其他费）×8%

（190314.06+28547.11）×0.08=17508.89（元）

四、综合指标基价

指标基价=建筑安装工程费+工程建设其他费+基本预备费

190314.06+28547.11+17508.89=236370.06（元）

换　价　表

单位：100m

指标编号				5Z-011（换）	
项　目			单位	浆砌块石防洪墙	
				H=4m	占指标基价（%）
指标基价			元	236370.06	—
一、建筑安装工程费			元	190314.06	80.51
二、设备购置费			元	—	—
三、工程建设其他费用			元	28547.11	12.08
四、基本预备费			元	17508.89	7.41
建筑安装工程费					
直接费	人工费	人工	工日	1308.00	—
		措施费分摊	元	483.95	—
		人工费小计	元	32482.67	15.38
	材料费	混凝土 C15	m^3	18.27	—
		混凝土 C20	m^3	148.44	—
		水泥 32.5级	t	48.70	—
		中砂	t	319.85	—
		块石	m^3	629.54	—
		其他材料费	元	5062	—
		措施费分摊	元	5262.98	—
		材料费小计	元	119559.92	49.50
	机械费	灰浆搅拌机 200L以内	台班	33.30	—
		挖掘机（综合）	台班	1.12	—
		其他机械费	元	177	—
		措施费分摊	元	302.47	—
		机械费小计	元	3441.76	1.16
	直接费小计		元	157284.35	—
综合费用			元	33029.71	13.97
合　计			元	190314.06	—

2　分项指标应用案例

例：某市拟建浆砌块石防洪墙一道，墙高 4m，墙厚 50cm，防洪墙全长 3000m。

当地主要材料价格：

人工	25.84 元/工日
水泥砂浆 M10	148.14 元/m^3
块石	57.80 元/工日
灰浆搅拌机 200L	61.66 元/台班

分项指标建筑安装工程费用计算

1. 计算人工、材料、机械费用

套用 5F-022 子目。

人工费换价：25.84×141.36=3652.74（元）

主要材料费换价：36.70×148.14+57.8×116.6=12176.22（元）

$$其他材料费=指标其他材料费\times\frac{调整后的主要材料费}{指标（材料费小计-其他材料费-材料费中措施费分摊）}$$

=78×（12176.22/14499-646-78）

=68.95（元）

机械费换价：6.1×61.66=376.13（元）

2. 措施费计算

措施费费率为 4%（其中分摊比例：人工费 8%，材料费 87%，机械费 5%）

措施费=调整后的（人工费+主材费+其他材料费+机械费+其他机械费）×4%

=（3652.74+12176.22+68.95+376.13）×0.04

=650.96（元）

其中人工费中措施费分摊 650.96×0.08=52.08（元）

材料费中措施费分摊 650.96×0.87=566.34（元）

机械费中措施分摊 650.96×0.05=32.55（元）

3. 建筑安装直接费小计：

3652.74+52.08+12176.22+68.95+566.34+376.13+32.55=16925.01（元）

4. 综合费用

采用综合费用费率为 21%

16925.01×0.21=3554.25（元）

5. 建筑安装工程费：16925.01+3554.25=20479.26（元）

该分项指标计量单位 100m^3

（4×0.5×3000）/100=60

该浆砌块石防洪墙建筑安装工程费为 60×20479.26=1228755.73（元）

换 价 表

单位：100m³

指标编号				5F-022（换）	
项目			单位	浆砌块石防洪墙	占指标基价（%）
指标基价			元	20479.26	—
一、建筑安装工程费			元	20479.26	100.00
二、设备购置费			元	—	—
建筑安装工程费					
直接费	人工费	人工	工日	141.36	—
		措施费分摊	元	52.08	—
		人工费小计	元	3704.82	19.04
	材料费	水泥砂浆 M10	m^3	36.70	—
		块石	m^3	116.60	—
		其他材料费	元	68.95	—
		措施费分摊	元	566.34	—
		材料费小计	元	12911.51	62.12
	机械费	灰浆搅拌机 200L	台班	6.10	—
		措施费分摊	元	32.55	—
		机械费小计	元	408.68	1.49
	直接费小计		元	16925.01	—
综合费用			元	3554.25	17.35
合计			元	20479.26	—

本册主编单位：安徽省建设工程造价管理总站

本册参编单位：芜湖市建设工程标准定额站

蚌埠市基本建设标准定额站

合肥市防洪办

本册主要编写人员：陈建民　李　萍　黄　欣　姜　峰　孙　缨

彭根弟　陈润生　朱青阳

综合组成员：胡传海　徐金泉　王海宏　胡晓丽　白洁如

李艳海　刘　军　刘　智　李永芳　白树华

张东海　龚伟中　王　梅　刘　运　陆勇雄

陈益梁　刘　洁　温鄂生　金春平　吴宏伟

王慧颖　陈建民　石　刚